我的家在中國・城市之旅 ⑦

天府之國 多彩城 成都

檀傳寶◎主編　王小飛◎編著

中華教育

看看這張奇妙的地圖，寬窄巷子、武侯祠、杜甫草堂、都江堰等都隱藏其中。你發現了嗎？

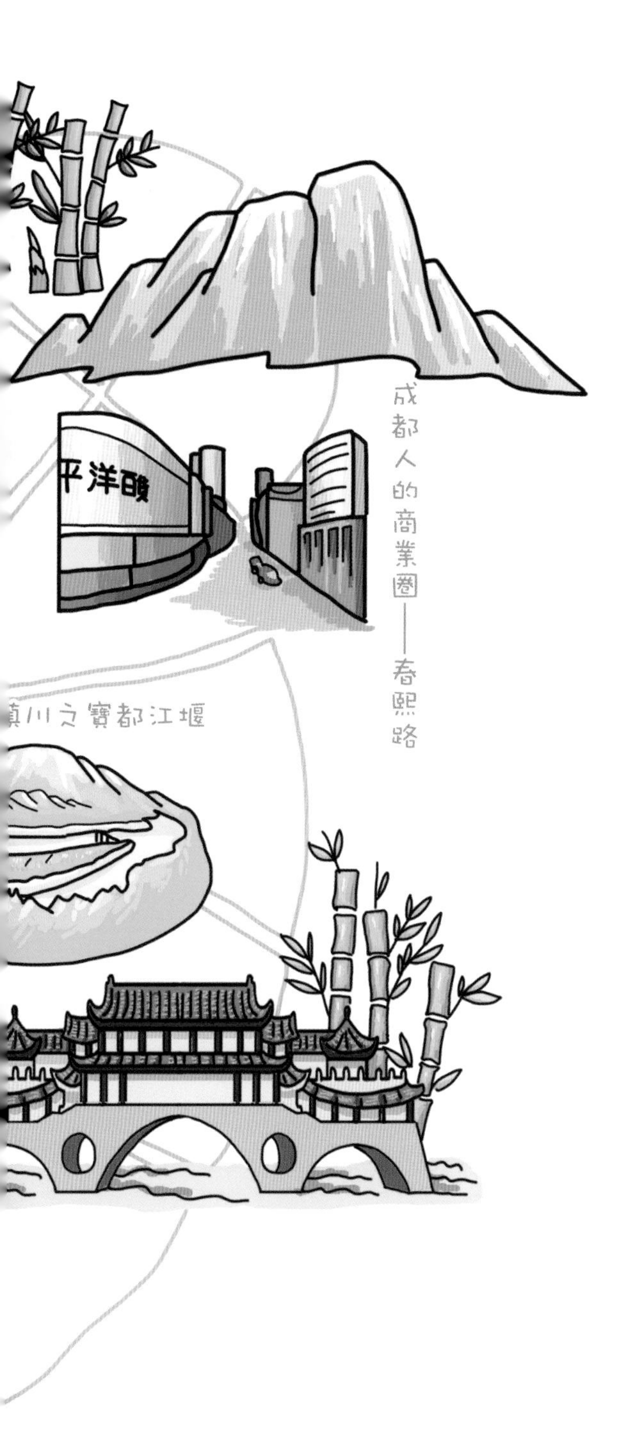

目錄

第一站

小貝回家

憨態可掬、人見人愛的珍稀動物大熊貓，既是生物多樣性的標誌，也是世界和平的象徵。你知道嗎？世界上 80% 的大熊貓都居住在中國的四川省境內，牠們有着怎樣的特點和故事呢？讓我們一起跟隨大熊貓小貝到牠成都的「家」一探究竟吧！

小貝學武記

黑白兩色的大熊貓，有着圓圓的臉頰，大大的黑眼圈，胖嘟嘟的身體，標誌性的內八字行走方式，同時還長有解剖刀般鋒利的爪子。

戴維的「熊貓」

①

▲古時候，當人們打了勝仗後，會穿上虎皮和熊貓皮慶祝

②

▲1869 年，法國人戴維在四川山區看到西方人不曾見過的一張「怪獸」的皮。他把描述報告和標本帶回巴黎，並發表了文章

③

▲歐洲動物學家們對獸皮進行了研究，確信這是一個新物種

④

▲抗戰期間，重慶舉行動物標本展覽，展出「熊貓」標本

熊貓形象可人，受到世界各國人民的歡迎。外國人結合「中國功夫」精神，成功塑造了一個風靡全世界的形象——功夫熊貓。但甚麼是中國功夫呢？大熊貓小貝來告訴你——

▲爸爸在竹林裏開了個菜館，小貝在店裏幫忙

▲但小貝不願在家學做飯，自己偷偷出去學武術

▲小貝拿到了武功祕籍，卻發現是空的。後來，小貝終於領悟，練就中國功夫光有祕籍是不夠的，還要意念強大，並且足夠勤奮

▲小貝勤學苦練，最後憑借自己的功夫打敗了侵犯竹林的黑暗龍

武術　中國雜技　中國舞蹈　中國結　書法　其他？

▶走向世界的中國元素

大熊貓留洋

從「功夫熊貓」的形象看，小貝不僅酷愛中國功夫，牠還尤其珍惜竹林的和平生活。作為和平和友誼的象徵，大熊貓很早就已經開始「承擔」這方面的「工作」了。

685 年 10 月 22 日這一天，一支唐代的宮廷衞隊和兩個馴獸人簇擁着兩個寬敞高大、披紅戴花的獸籠，乘着驛傳快車，從長安出發，向東疾駛。這支隊伍是去做甚麼？

原來是皇太后武則天將一對大熊貓（當時叫「白熊」）作為友誼的象徵，贈給日本天皇。這對大熊貓被帶往揚州，牠們登上海船，隨同歸國的日本遣唐使，漂洋過海前往日本。這兩隻大熊貓作為特殊使者，傳遞了中國人民對鄰邦的友好情誼。

（根據日本《皇家年鑒》記載改編）

成都氣候温和濕潤，宜花木生長。唐代中後期，成都與揚州被譽為「揚（揚州）一，益（成都）二」。成都種植花草的人很多，是當時有名的花城。杜甫曾在詩中描述道：「黃四娘家花滿蹊，千朵萬朵壓枝低」「曉看紅濕處，花重錦官城」。

走向世界的大熊貓

大熊貓是世界瀕危保護動物，目前僅存於中國。自唐代開始，中國一直以向國外贈送大熊貓的方式，來增進國家之間的友好關係。到目前為止，大熊貓的「足跡」已經遍佈五大洲、四大洋，向全世界人民帶去了來自中國及成都的問候和友好情誼。

▲大熊貓在法國愜意地生活着

▲大熊貓受到了美國人民的熱烈歡迎

友誼的使者

1941 年，宋美齡、宋藹齡代表當時的政府向美國贈送一對大熊貓以感謝其救濟二戰中的中國難民。這是中國現代「熊貓外交」的開端。

從 1957 年到 1982 年的 25 年裏，中國先後贈送給 9 個國家共計 23 隻大熊貓。

為了響應保護瀕危動物的全球性號召，中國政府宣佈從 1982 年起停止贈送大熊貓，而採用租借的方式來增進國家之間的友好關係。

▲大熊貓在國外

竹子開花了

竹子是大熊貓最為喜愛的食物（據專家估算竹子佔其食物總量的 90% 以上），大熊貓家的周圍一定要有大量竹子。

大熊貓的家在哪裏

歷史上，除了氣候變化之外，食物的分佈變化對大熊貓的分佈也造成了影響。相對於人類活動範圍的持續擴大，大熊貓的活動空間卻一直在縮小！

二十世紀中葉，大熊貓的棲息地已經被局限在四川、陝西、甘肅三省。根據 2015 年 2 月公佈的全國第四次大熊貓調查結果，截至 2013 年年底，全國野生大熊貓種羣數量達 1864 隻。

▲生活在四川臥龍自然保護區的野生大熊貓

我們平常看到植物開花都習以為常，但有些人一見到竹子開花便十分驚慌，說竹子開花是荒年之兆。其實竹子開花並不是不祥之兆，只是一種自然現象。不過你可能不知道，竹子開花和大熊貓也有關係呢。

大熊貓的棲息地與壽命

大熊貓的主要棲息地在長江上游向青藏高原過渡的一系列高山、深谷地帶，如四川、陝西和甘肅的山區。野外大熊貓的壽命大約在二十歲。

1984 年 5 月，四川夾金山箭竹普遍開花，這一情況驚動了全國人民。

「成都空軍出動了直升機調查，發現 90% 的箭竹開花枯死，災情嚴重，已發現幾隻餓死的大熊貓。」當時參與救助大熊貓行動的工作者回憶道。

竹子開花是怎麼回事？

竹子開花與天氣乾旱、植物衰老等因素有關。養分被消耗盡後，多數種類的竹子會全部枯死。這時應盡快砍去花枝，以減少營養消耗，從而保證竹子的正常生長。

大熊貓有難，八方來援。

當時，成都境內的救護人員及全國的志願者紛紛趕來，四處尋找、救護生病的大熊貓，並設置了很多投食點。一場危及大熊貓生存的生態危機得以緩解。

▲大熊貓與寶貴的「鄰居」朋友

第二站

擺一擺「龍門陣」

大熊貓小貝生活過的地方，人才濟濟、英雄輩出。

「擺龍門陣」在四川話中，相當於廣東話中的「傾計」。讓我們在小貝的「帶領」下，走進成都，擺一擺這座古城的「龍門陣」，尋找一下城內的各路英雄吧！

薛仁貴的兵陣

「龍門陣」一詞的源起，據說主要得名於唐代薛仁貴東征時所擺的一種克敵制勝的兵陣。

▲ 唐代名將薛仁貴從小就是個「大飯量」

▲ 小時候的薛仁貴已經力大驚人

◀ 長大後的薛仁貴更是軍事奇才。他馳騁沙場，擺出的兵陣千變萬化，讓敵人難以招架

薛仁貴所佈的兵陣千變萬化，一直被後人所稱讚。

薛仁貴雖不是成都人，但明清以來，四川各地的民間藝人多愛擺談薛仁貴的故事，而且故事情節曲折，和薛仁貴所擺的兵陣一樣離奇，所以後來漸漸地，「擺龍門陣」一詞就出現了。

除了薛仁貴的兵陣，關於「龍門陣」一詞的起源還有一個說法：川蜀一地百姓對英雄崇拜有加，尤其喜歡聚於龍門子（大院門子頭）裏，閒聊這些傳奇事跡，所以在龍門子裏聊英雄就叫作「擺龍門陣」。

除了這些口頭的「龍門陣」，三國時期，蜀國英雄諸葛亮還真有個「龍門陣」——八陣。

蜀國以步兵為主力，作戰地域主要為山地，缺乏馬匹，蜀國丞相諸葛亮根據這個實際情況，設計並練成了克敵制勝的「八陣圖」。

諸葛亮的「八陣圖」，是指由天、地、風、雲、龍、虎、鳥、蛇八種陣勢所組成的軍事操練和作戰的陣勢圖。

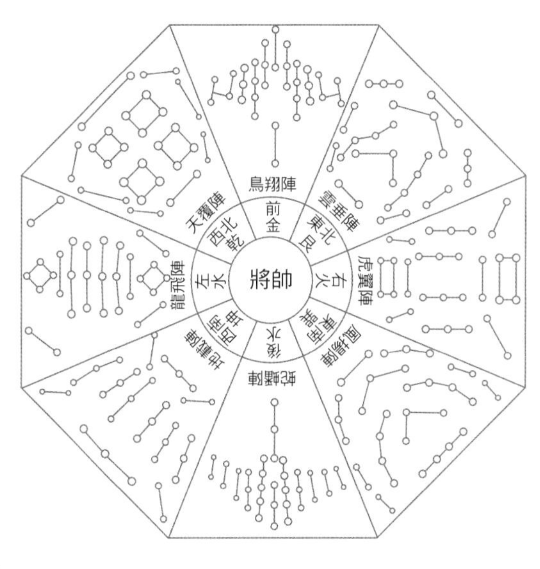

▲八陣圖

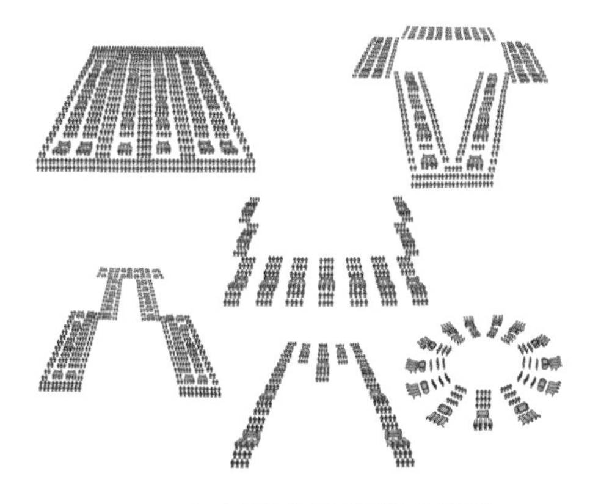
▲中國古代各類「陣法」

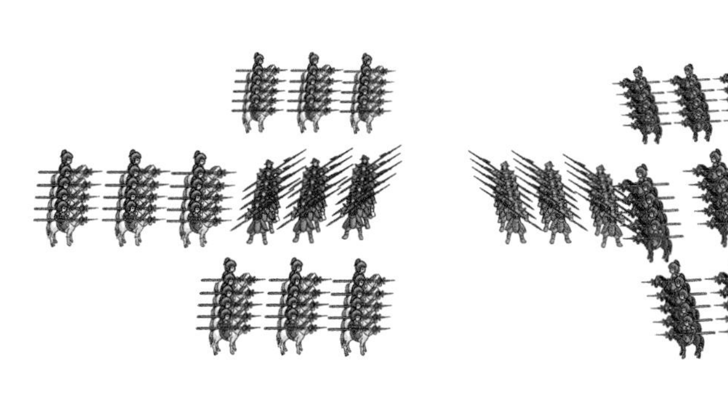
▲三國時蜀國的「戰法」

古代作戰非常講究陣法，即作戰隊形，古人稱之為「佈陣」。佈陣得法就能充分發揮軍隊的戰鬥力，在戰爭中獲得主動權。

古希臘步兵陣士兵的裝備

古希臘步兵陣中的每一個士兵都裝備有銅質的斯特林式頭盔（雞冠型的頭盔）、1 個圓盾、1~2 支長槍（2.5 ～ 3 米）和 1 把短劍（40 ～ 60 厘米），身上的所有裝備重量超過 25 公斤。

諸葛亮的「空城計」

諸葛亮用兵如神，是蜀國的傳奇人物。而蜀軍以虛擊實、大勝魏軍的「空城計」，則是老百姓「擺龍門陣」時最為津津樂道的故事。「空城計」也是古代兵法策略「三十六計」之一。

▼ 司馬懿引十五萬大軍直逼諸葛亮所在的西城

諸葛亮登上城樓觀望一番後，對眾人說：「大家不要驚慌，我略用計策，便可教司馬懿退兵。」▶

◀ 諸葛亮傳令，把所有的旌旗都藏起來，然後命士兵把四個城門都打開，並在每個城門上派二十名士兵扮成百姓模樣，灑水掃街

諸葛亮燃起香，彈起琴來。生性多疑的司馬懿見諸葛亮如此淡定，懷疑城中設有埋伏，不敢冒進，就乖乖撤退了 ▶

三十六計

《三十六計》又稱「三十六策」，是指中國古代三十六個兵法策略。源於南北朝，成書於明清。它是根據我國古代卓越的軍事思想和豐富的戰爭經驗總結而成的兵書，是中華民族悠久的文化遺產之一。

你知道三十六計都有哪些嗎？

府南河邊的喝茶人

斗轉星移，蜀國天空中曾經密佈的戰爭硝煙，早已隨着府南河水靜靜流逝。但無論世事如何變化，千百年來府南河邊的「龍門陣」仍然在繼續……

府南河邊的「擺談」

經過大力整治，曾經污染嚴重的府南河如今已成清渠。各類茶室、茶攤沿着河堤錯落蜿蜒地擺開，宛如一個個奇特的「陣法」。只不過現在不是兵戎相見的兵陣，而是人們談古論今的福地。

隨着時間的推移，久而久之，「擺龍門陣」也就慢慢變為成都人繪聲繪色 「擺談」（聊天、閒談）的代名詞。

「擺龍門陣」是成都人的最愛。

▼ 府南河又名錦江，是岷江流經成都市區的兩條主要河流府河、南河的合稱。《馬可・波羅遊記》描繪成都府南河水面寬闊「竟似一海」。漢代以後，府南河因水量巨大曾被誤認為是岷江正流

天府歷史之「龍門陣」

成都金沙遺址出土的太陽鳥金箔與三星堆遺址，是我國西南地區考古的重大發現。

太陽鳥金箔、三星堆遺址，既有像諸葛亮「八陣」的樣貌，又有「龍門陣」般的神祕，展現出勞動人民豐富的想像力和精湛的工藝水平。

▼成都金沙遺址出土的太陽鳥金箔

▲三星堆考古遺址模型

太極是道教文化的產物之一，而成都周邊的青城山是道教重要的發源地之一。太極的八卦陣與諸葛亮所操練的「八陣」極具異曲同工之美。

▲道教發源地之一——青城山

古色古香老成都

三國時期的蜀國給成都留下了太多的故事，而武侯祠、中國文學「聖地」杜甫草堂、「寶瓶」都江堰都為成都的「天府之國」美名加了不少分。

君臣合廟是為何

武侯祠位於成都市武侯區，由漢昭烈廟（紀念蜀漢皇帝劉備）、武侯祠（紀念蜀漢丞相諸葛亮）、惠陵（劉備墓）組成，是全國唯一的君臣合祀祠堂，人們習慣將之統稱為武侯祠。一般來說，廟堂上只敬奉一個主要的「神靈」，但成都武侯祠將君臣合為一體。

其中紀念諸葛亮的武侯祠香火鼎盛，與之相對的漢昭烈廟卻冷冷清清。因此後世不斷有封建統治者認為君臣合廟不合禮制，武侯祠的大門匾額被官方換成「漢昭烈廟」。但老百姓不買賬，因此，將君臣合廟統稱武侯祠的說法也延續至今，武侯祠的名氣甚至超過了漢昭烈廟。

各地武侯祠

成都武侯祠君臣合廟，位於四川成都，是第一批全國重點文物保護單位。

南陽武侯祠，位於河南南陽臥龍岡。

武侯墓勉縣武侯祠，位於陝西勉縣。

白帝城武侯祠，位於重慶白帝城。

保山武侯祠，位於雲南保山。

祁山武侯祠，位於甘肅祁山。

城固武侯祠，位於陝西城固。

黃陵廟武侯祠，位於湖北黃陵廟。

五丈原諸葛亮廟，位於陝西岐山。

三國時期，劉備在成都建立蜀國。許多文學作品、民間演義中三國人物的悲喜經歷大都與成都這座古城緊密關聯。

你熟悉的三國故事有哪些？

故事一：________________

____

____

故事二：________________

____

____

故事三：____________________

____

____

故事四：____________________

____

____

故事五：____________________

____

____

故事六：____________________

____

答案：
一、桃園三結義
二、三顧茅廬
三、火燒連營
四、七擒孟獲
五、草船借箭
六、舌戰羣儒

阿醜的鵝毛扇

諸葛亮總是手拿鵝毛扇。據說他的鵝毛扇代表着智慧和才幹。這裏還有一個傳說。

諸葛亮夫人叫「阿醜」，但她長得並不醜，早年她父親怕有人以貌取人，故稱她為「阿醜」。阿醜文武雙全，學成下山時，師父贈她鵝毛扇一把，上面寫着「明」「亮」二字。扇中藏着攻城略地、治國安邦的計策。後來阿醜果然嫁給了名字中有「明」「亮」二字的蜀國丞相諸葛亮（也叫孔明）。

阿醜將鵝毛扇贈給諸葛亮，諸葛亮熟練運用扇上的謀略，不管春夏秋冬，總是扇不離手。

你讀過中國四大名著之一的《三國演義》嗎？請你根據《三國演義》中的描寫，為三國的人物作出評價。

蜀國英雄傳攻略

茅屋為秋風所破

「人們提到杜甫時，盡可以忽略他的生地和死地，卻總忘不了成都草堂。」

這是中國近代詩人馮至在《杜甫傳》中對杜甫與成都關係的概括。成都是杜甫創作的高峯地，如果你愛好文學、想了解杜甫，到成都可不能繞開「草堂」！

杜甫寄居草堂

759 年，杜甫因「安史之亂」從京城長安流亡到成都，在城西的浣花溪畔建起了一座草堂，在此居住僅四年，卻創作出詩歌 240 餘首。其中，《茅屋為秋風所破歌》《聞官軍收河南河北》等已成為學生的必學詩篇。而這座杜甫的草堂故居更是被視為中國文學史上的「聖地」。

讀書破萬卷，下筆如有神

杜甫小時候很貪玩，五六歲時連一首詩都記不住。後來，在爺爺的引導下，杜甫發奮苦讀，他練習的詩作裝了整整一麻袋。杜甫成名以後，曾在詩中表達了他對於詩歌創作的心得，那就是「讀書破萬卷，下筆如有神」。

「寶瓶」都江堰

給杜甫帶來靈感的成都及其周邊，到底因何被稱為「天府之國」？其中的原因有許多，「鎮川之寶」都江堰一定是繞不開的重要因素之一。

▲建於秦代的都江堰水利工程

世界文化遺產——都江堰

公元前 256 年，秦國蜀郡太守李冰率眾修建都江堰水利工程，該工程位於成都平原西部都江堰市西側的岷江上，距成都 56 公里，至今依舊在灌溉田疇，灌溉面積已擴展至千萬畝。

都江堰是目前世界上仍在發揮作用的最古老的水利工程。2000 年，聯合國教科文組織以「人與自然完美結合的典範」的高度評價，將都江堰和相距不遠的青城山一起納入了《世界文化遺產名錄》。

戰國時期，為了治理水患，成都平原已經開始使用榪槎（粵：罵查｜普：mà chá）與竹籠築堤。

最初，在修築堤壩時，人們發現將鵝卵石投入江心築堰，沒幾天就會被大水沖垮。於是改用大石塊，但也還是不行。

直到有一天，蜀郡太守李冰在岷江邊發現山溪裏有一些竹籠，裏面泡着要洗的衣服，溪水雖然很急但無法沖走它。受此啟示，李冰迅速令人製作榪槎與竹籠投入江中作堤壩，果然效果不錯。

就這樣，李冰父子主持修築都江堰，引水灌田、分洪減災，並總結出「深淘灘，低作堰」的六字真言，使這個兩千多年前的水利工程一直服務到今天。

榪槎與竹籠

製作榪槎與竹籠的材料就是河道中的卵石和河道周圍的竹子，其柔中帶剛的特性，十分符合岷江沙質河道的特性。榪槎與竹籠用途廣泛，除了用於分水建築物魚嘴、水利工程堤堰外，在施工截流等方面也都發揮着重要作用。

李冰父子治水有功，百姓為了紀念他們，修建了專門的廟宇，稱 「二王廟」，並將李冰兒子李二郎視為神通廣大的二郎神。民間還流傳着許多有關他的傳說。

▲秦朝時，成都附近連年鬧水災

▲李冰帶着兒子二郎來到成都

▲二郎用弓箭戰勝岷江孽龍，治理了水患

都江堰與天府之國

都江堰將岷江水流分成兩條，其中一條用來灌溉成都平原，另外一條則自然流放，以紓解洪水壓力。現在都江堰的面貌與古代相比已經有了極大的不同。經過兩千多年的不斷發展，都江堰的各個渠道就像人體的毛細血管一樣，遍佈了整個成都。水患治理好後，人與自然的關係更加和諧，人們安居樂業，生活美滿滋潤，可以說，成都「天府之國」美譽的由來與都江堰的存在有着密不可分的關係。

來了就不想走

千百年來，大熊貓能夠在成都周邊繁衍生存下來，說明牠的「家」——成都的環境一直不錯！如今，「來了就不想走」已然成為對成都新生活的精彩描述。

「樂不思蜀」的由來

諸葛亮死後僅過了二十年，蜀國就被魏國所滅。劉備的兒子劉禪投降。為了試探劉禪是否還有復國的野心，在一次宴會上，司馬昭故意當着劉禪的面安排了蜀地的歌舞。劉禪的隨從人員想到滅亡的故國，都非常難過，劉禪卻不假思索地對司馬昭說：「這裏很好玩，我已經忘記蜀國了！」劉禪因此保住了性命。

其實，丟了「天府之國」，亡國之君劉禪的內心深處恐怕別有一番滋味吧！

「樂不思蜀」本是講劉禪快樂到不思念蜀國，後來泛指樂而忘返，而成都就是這樣一座讓人樂而忘返的城市。

花重錦官城

成都到底是一座怎樣的城市？進入成都，是滿眼的鮮花，還是一地的絲綢？外國人對成都的想象是一座「世界盡頭的大城市」，中國人則稱其為「芙蓉城」「錦城」。

杜甫著名的詩句「曉看紅濕處，花重錦官城」，描述的就是花香滿地、繁花似錦的古代成都。二十世紀初，法國詩人謝閣蘭手執波蘭的詩集，千里迢迢來到成都。後來，他在《中國書簡》一書中深情地描寫了這座他印象中的「世界盡頭的大城市」：

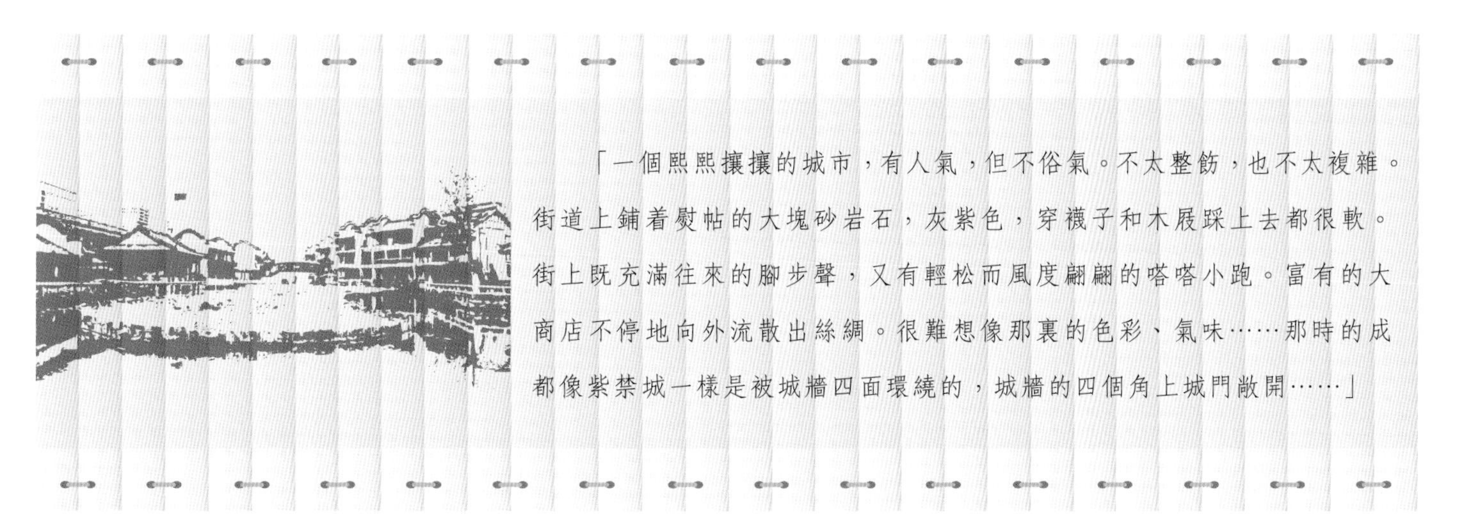

「一個熙熙攘攘的城市，有人氣，但不俗氣。不太整飭，也不太複雜。街道上鋪着熨帖的大塊砂岩石，灰紫色，穿襪子和木屐踩上去都很軟。街上既充滿往來的腳步聲，又有輕松而風度翩翩的嗒嗒小跑。富有的大商店不停地向外流散出絲綢。很難想像那裏的色彩、氣味……那時的成都像紫禁城一樣是被城牆四面環繞的，城牆的四個角上城門敞開……」

現代成都保留了很多古街嚴謹有序、錯落有致的佈局，如娛樂區、餐飲名小吃區、府第客棧區、特色旅遊工藝品展銷區等。古代與現代有機交融，別有一番情趣。

作為武侯祠的一部分，錦里街道全長550米，為清末民初建築風格的仿古建築，以三國文化和四川傳統民俗文化為主要內容。現為成都市著名商業步行街 ▶

川劇絕活——變臉

來成都一定要看川劇，看川劇一定要看變臉。

變臉是川劇一大特色。隨着劇情的進展，演員在舞蹈動作的掩護下。一張一張地將戲「臉」扯下來，達到變幻莫測的藝術效果。

變臉之於川劇，有如噴火之於秦腔，皆屬招牌路數、看家絕技！變臉藝術的百變絕活，令海內外無數藝人為之折腰和嚮往。

「兩湖填四川」與川戲

清乾隆、嘉慶年間，每至逢年過節之際，在四川鄉鎮村落碼頭處，林立的廟堂都會搭起戲台唱戲演出以作慶典。久而久之，川劇就在街頭巷尾之中漸成氣候。

清代「兩湖填四川」（兩湖地區人口向四川遷移），為蜀地的文化帶來了許多新元素，逐漸形成共同的風格。清末時這些戲種統稱「川戲」，後改稱「川劇」。

川劇變臉大揭祕

川劇中變臉有大變臉、小變臉之分。大變臉系全臉都變，有三變、五變乃至九變；小變臉則為局部變臉。

變臉的主要手法有三：抹暴眼、吹粉、扯臉。此外，還有撕臉與貼臉，現已不多用。

變臉要求動作敏捷、不露痕跡。主要用於表現劇中人物驚恐、絕望、憤怒等情緒的突然變化。

香在寬窄巷子

成都又被稱為「悠閒之都」。成都的悠閒哪裏尋？自然是要去寬窄巷子走走。

寬窄巷子是成都遺留下來的較成規模的清代古街道，與大慈寺、文殊院一起並稱為成都三大歷史文化名城保護街區。由寬巷子、窄巷子和井巷子三條平行排列的城市老式街道及其之間的四合院羣落組成。

2008 年 6 月，為期三年的寬窄巷子改造工程全面竣工。修葺一新的寬窄巷子，由四十五個清末民初風格的四合院落、兼具藝術與文化底蘊的花園洋樓、新建的宅院式精品酒店等各具特色的建築羣落組成。

少城比武大會

康熙五十七年（1718 年），準噶爾部竄擾西藏。清朝廷派三千官兵平息叛亂後，選留千餘兵丁永留成都，並修築滿城，即少城（今天的成都人民公園）。

當時，少城每年春秋兩季都會舉行比武大會。

隨着時間的流逝，少城已漸漸退出歷史舞台，如今只剩下寬窄兩條巷子。

寬窄巷子的美食

每一個剛來成都的人，聽到「寬窄巷子」的名稱之後，都有一種按捺不住要走走逛逛的感覺。點上幾份小吃、看看來往行人，在這裏循着食物的香氣，尋訪最地道的成都味道……

麻辣誘惑

川菜屬中國四大菜系之一，講究五味調和，偏重麻辣。古老的川菜自秦漢時發端，如今，其強勁的勢力更是滲透到全國各地每個角落。川菜中最具「革命性」的是火鍋。四川的火鍋花色品種繁多，鍋底就有數十種，常見的有清湯、鴛鴦、麻辣等等。下鍋的原料更是數不勝數，凡是可以吃的東西皆能下火鍋涮、煮、燙。近年，又在火鍋的基礎上派生了「串串香」（麻辣燙）等新形式。

第五站

今日蜀道不再難

道路交通的變化，最能説明一個地方的改變。成都的進步，也與道路的發展密切關聯。

蜀道變坦途

海拔三千多米的秦嶺山脈非常險峻，千百年來一直是一道阻隔我國西部南北地區交通的巨大天然屏障。彎彎的蜀道，宛若一條條「長蛇」盤旋在巴山蜀水之間，十分壯觀。

二十世紀以來，隨着川陝公路、寶成鐵路、陽安鐵路、襄渝鐵路，以及西安到成都的高速公路的相繼修通，艱險的蜀道早已變成了坦途。

「攀登蜀道」可以用來比喻甚麼？

蜀道難

「蜀道難，難於上青天」出自唐代詩人李白的《蜀道難》，意即四川一帶的山路非常曲折、陡峭、難以攀爬，走這樣的道路比上天還難。

城市祕籍（一）——蜀道在哪裏

根據示意圖找一找蜀道在哪裏。

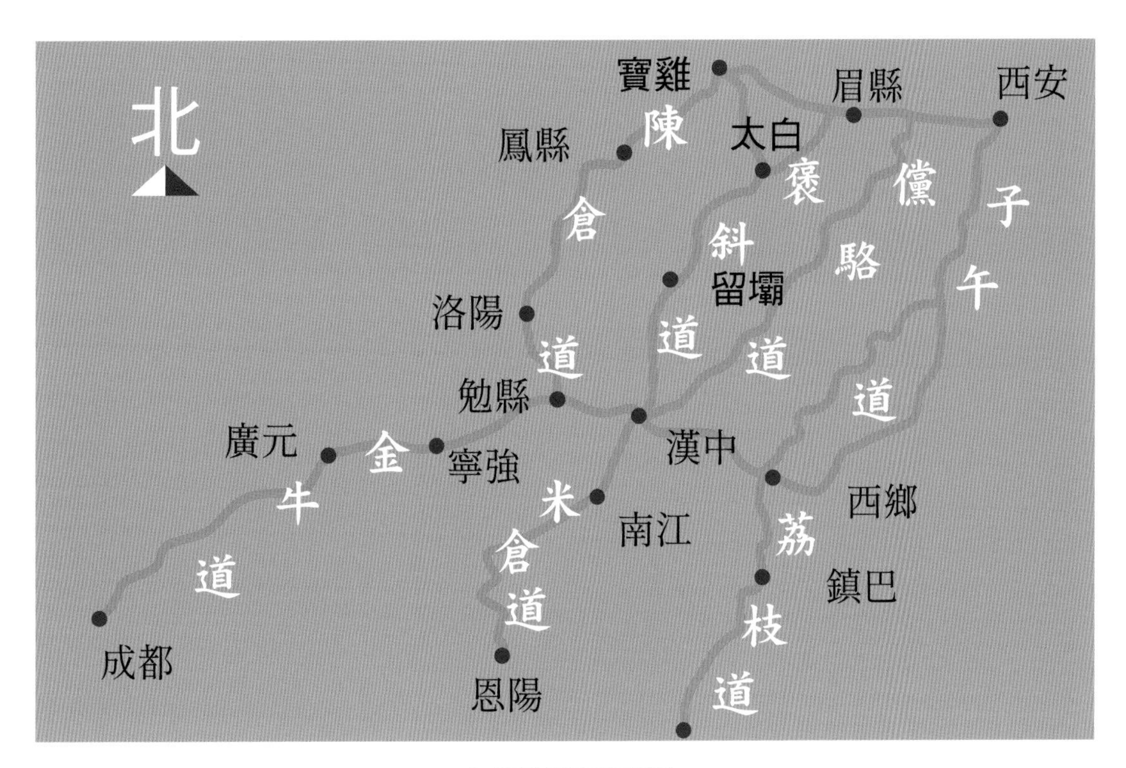

▲ 蜀道路線示意圖

蜀道有幾條

蜀道，即蜀地的道路。蜀地被羣山環繞，古時交通不便，道路難以行走。

蜀道是一個大概念，包括四面八方通往古代蜀地的道路，也包括蜀地範圍內的道路。通常提到的「蜀道」，則是指由關中通往漢中的褒斜道、子午道、陳倉道、儻駱道（堂光道）以及由漢中通往四川的金牛道、米倉道等。

春熙路上的繁華

在成都市區，春熙路是道路演進的代表。

春熙路是 1924 年被命名的，距今已九十多年，春熙路的繁華「指數」是檢驗成都發展狀況的「指向標」。

百年金街春熙路

春熙路本是一條窄街小巷，與走馬街相連，形成一條南北直線。自古以來橫貫其中的東大街是出東門下川東的必經之路，來往行人和車輛絡繹不絕。東大街是老成都最為富庶的一條街，綢緞鋪、首飾鋪、皮貨鋪……各類商鋪雲集，可以說，成都最大最豪華的商鋪都在東大街。

昔日的春熙路

據查證，春熙路的前世肇始於商賈，發展於官府，完成於軍閥時期。當時城中心已有一個商業場，是商業中心。從東門出來的客商，經東大街去商業場，中間要經過九彎十八拐的羊腸小道，實在不便。羊腸小道周圍則是清朝時代的按察使衙門。民國後，衙門廢置，空地上胡亂搭建的店鋪仍然不少。後幾經改造，才形成今天寬敞整潔的狀態。

成都人的商業區

說起成都商業區，人們一定繞不過春熙路。正如上海人繞不過南京路，北京人繞不過西單、王府井，香港人繞不過尖沙咀一樣。作為成都最繁華的商業街，春熙路不僅歷來是成都人休閒的重要去處，還傳承着這座城市獨特的氣質。春熙路上熙熙攘攘的人流，是成都巨變的一個縮影。

關於成都的魅力，還有一句俗語叫作：「少不入川，老不離蜀。」

這句話「直譯」起來就是：年輕的時候不要到四川去，而老了就不要離開川渝地區了。其中想表達的意思，無非還是成都的生活悠閒、舒適，讓人來了就不想走了。

▶府南河畔夜景

▶成都人的休閒生活

▼現代成都概貌

請讓我來幫助你

悠閒的成都的確容易讓人流連忘返，但成都的標誌——大熊貓，牠們的生活還遠未達到「悠閒」的狀態。

挽救「活化石」

「活化石」大熊貓

熊貓已在地球上生存了至少八百萬年，被譽為「活化石」和「中國國寶」，也是世界自然基金會的形象大使，是世界生物多樣性保護的旗艦物種。

截至2013年年底，全國野生大熊貓種羣達1864隻，屬於國家一級保護動物。

臥龍保護基地的大熊貓

大熊貓的分佈區已經相當狹小，實際上牠的分佈地點僅限於中國陝西秦嶺南坡，甘肅、四川交界的岷山，四川的邛崍山、大相嶺、小相嶺和大小涼山等彼此分割的六個分佈區域。支離破碎的棲息地和孤立分佈的生存狀態對於大熊貓繁殖和抵抗自然災害都是十分不利的。

由於近親繁殖不可避免，大熊貓後代生命力降低，甚至畸型或致死。這種現象在動物園內人工飼養的大熊貓中也是一個嚴峻的問題。

城市祕籍（二）——一方有難，八方支援

大熊貓是中國的特有物種，目前由於分佈區的喪失、狩獵、疾病和竹子大面積死亡等原因，野生大熊貓的數量在不斷降低。

保護大熊貓、保護大熊貓的棲息地，已是一個刻不容緩的艱巨任務。

通過搜集資料，讓我們為挽救「活化石」出謀劃策吧！

1. 保護好生態環境，禁止亂砍濫伐。
2. ______
3. ______

世界自然基金會

世界自然基金會（World Wide Fund for Nature，WWF）是全球最大的獨立性非政府環境保護組織之一，總部位於瑞士格朗。自1961年成立以來，世界自然基金會在全世界擁有將近百萬支持者和一個在一百多個國家活躍着的網絡平台。

世界自然基金會在中國的工作始於1980年的大熊貓及其棲息地的保護，是第一個受中國政府邀請來華開展保護工作的國際非政府組織。

城市攻略——做一張「成都明信片」

成都地圖上的「旅行」就要結束了，哪個地方給你留下了深刻的印象？在膠片中挑出你認為最能代表成都形象的風景名勝，並製作出自己的「成都明信片」，用來宣傳成都之美吧！

錦里
武侯祠

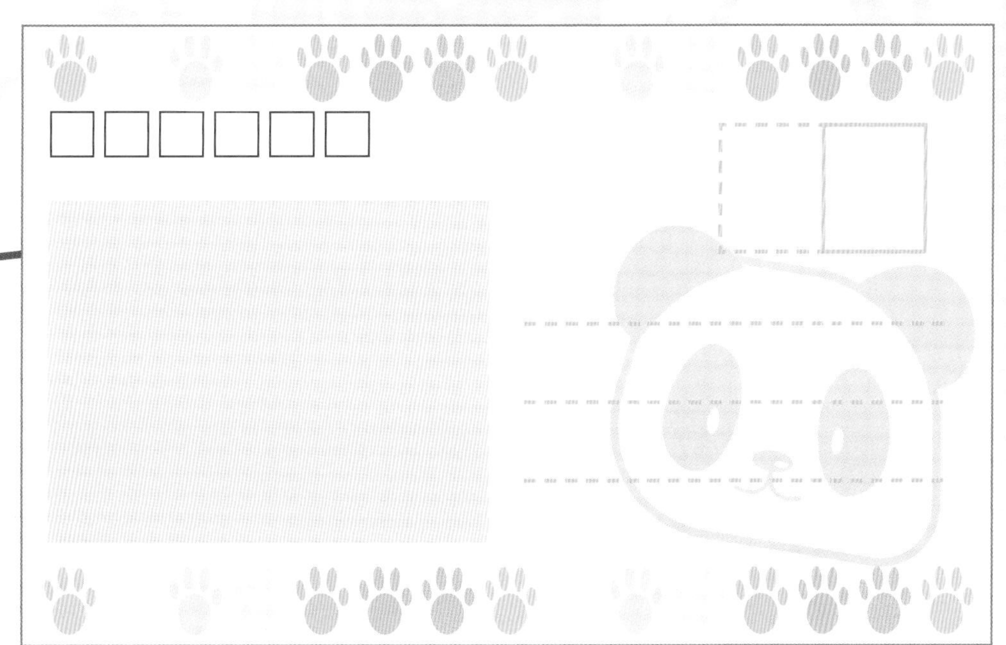

我的家在中國・城市之旅 7

天府之國 多彩城 成都

檀傳寶◎主編　王小飛◎編著

責任編輯：楊安琪
裝幀設計：龐雅美
排　　版：龐雅美　鄧佩儀
印　　務：劉漢舉

出版 / 中華教育
香港北角英皇道 499 號北角工業大廈 1 樓 B
電話：（852）2137 2338
傳真：（852）2713 8202
電子郵件：info@chunghwabook.com.hk
網址：https://www.chunghwabook.com.hk/

發行 / 香港聯合書刊物流有限公司
香港新界荃灣德士古道 220-248 號
荃灣工業中心 16 樓
電話：（852）2150 2100
傳真：（852）2407 3062
電子郵件：info@suplogistics.com.hk

印刷 / 美雅印刷製本有限公司
香港觀塘榮業街 6 號
海濱工業大廈 4 樓 A 室

版次 / 2021 年 3 月第 1 版第 1 次印刷

規格 / 16 開（265 mm x 210 mm）